Ibrahim Hussein

O papel e a eficácia dos conhecimentos e das instituições tradicionais

Ibrahim Hussein

O papel e a eficácia dos conhecimentos e das instituições tradicionais

ScienciaScripts

Imprint

Cover image: www.ingimage.com

This book is a translation from the original published under ISBN 978-620-2-05850-6.

Publisher:
Sciencia Scripts
is a trademark of
Dodo Books Indian Ocean Ltd. and OmniScriptum S.R.L publishing group

120 High Road, East Finchley, London, N2 9ED, United Kingdom
Str. Armeneasca 28/1, office 1, Chisinau MD-2012, Republic of Moldova, Europe
Printed at: see last page
ISBN: 978-620-7-86568-0

Resumo

Atualmente, reconhece-se cada vez mais a utilização e aplicação dos conhecimentos e instituições tradicionais como uma das estratégias para uma gestão florestal eficaz e sustentável. Os conhecimentos e instituições tradicionais fornecem vários métodos destinados à conservação das florestas, facilitam o reforço das capacidades, a tomada de decisões participativas e podem também modificar o efeito de factores que se pensa serem a força motriz da desflorestação. O objetivo do estudo foi avaliar o papel e a eficácia dos conhecimentos e instituições tradicionais na gestão florestal no distrito de Rungwe, na Tanzânia. Foi utilizada uma amostragem objetiva (aleatória) para selecionar três reservas florestais geridas tradicionalmente e uma aldeia para a recolha de dados. Foram utilizadas intensidades de amostragem entre 5% e 12% na seleção de agregados familiares para a administração do questionário. Os dados primários foram recolhidos através de entrevistas não estruturadas e PRA (discussão em grupo), questionários aos agregados familiares e observação participante, enquanto os dados secundários foram obtidos através da análise de várias publicações, relatórios de estudos e Internet. Para a análise, utilizou-se a análise funcional estrutural e de conteúdo e o programa estatístico SPSS (Statistical Package for Social Science). Os resultados indicaram que 92 reservas florestais tradicionais foram encontradas nos distritos e são geridas por duas instituições principais, incluindo os líderes tradicionais tais como *Mwalafyale* (Chifu) e *Malifumu* (membros do gabinete do Chifu) e o governo da aldeia. As práticas de manejo florestal que foram usadas foram herdadas dos antepassados. A maioria dos respondentes de Kabale (97%), Idwele (86%), Kikota (93), Mbambo (89,4%), Bujesi (93,9%), Katundulu 85,3% mostra que as instituições tradicionais eram eficazes no manejo florestal contra as instituições governamentais. Contudo, verificou-se que as instituições tradicionais estão atualmente a enfraquecer devido à conversão de alguns dos chefes ao cristianismo, à educação informal, à morte dos líderes tradicionais e à maior parte dos sistemas de gestão utilizados pelo governo e pelas agências governamentais na gestão dos recursos florestais serem adoptados das instituições tradicionais, contudo, a sua gestão não é eficaz em comparação com as instituições tradicionais. Recomenda-se que a força das instituições tradicionais na gestão das florestas seja incorporada na política florestal para uma gestão eficaz deste recurso na Tanzânia

Palavras-chave: Eficácia, conhecimentos tradicionais, instituições, gestão florestal

Índice

Agradecimentos

Os autores reconhecem com gratidão o apoio financeiro do Instituto de Investigação Florestal da Tanzânia (TAFORI), que permitiu o êxito deste estudo.

Reconhecemos também a importante contribuição dos Oficiais Distritais de Recursos Naturais do Distrito de Rungwe (Sr. Chibwaya), dos Oficiais Executivos dos Lugares e dos líderes das aldeias, não só pela sua assistência na recolha de dados mas também pelas informações úteis que nos forneceram.

Por último, gostaria de expressar a minha sincera gratidão a todas as pessoas das aldeias de Kabale, Idwele, Kikota, Mbambo, Bujesi e Katundulu pela sua cooperação durante a recolha de dados. A informação que obtivemos deles foi essencial para o êxito do estudo. Deus vos abençoe a todos.

Lista de abreviaturas

FAO	Food and Agriculture Organization
Ha	Hectare
%	Percentage
TAFORI	Tanzania Forestry Research Institute
TFR	Traditional Forest Reserve
SPSS	Statistical Package for Social Science
WRI	World Resource Institute
URT	United Republic of Tanzania
PRA	Participatory Rural Appraisal

Capítulo 1

1.0 Introdução

A Tanzânia possui vastas florestas e bosques que se calcula cobrirem mais de 33,5 milhões de hectares, dos quais 13 milhões de hectares são reservas florestais, enquanto a maior parte dos recursos florestais se encontra nas zonas rurais onde vivem mais de 80% das populações humanas (URT, 1998). No entanto, os recursos florestais estão cada vez mais ameaçados por uma taxa alarmante de desflorestação, tendo-se perdido uma média de 412 300 hectares de floresta entre 1990 e 2000 (Butler, 2006). Este facto contribuiu para os problemas ambientais globais, incluindo as alterações climáticas associadas a mudanças de temperatura, distribuição da precipitação, doenças e subida do nível do mar. Todos estes factores têm um impacto negativo na sobrevivência do ser humano e de outros seres vivos.

Estes problemas ambientais trouxeram para o centro das políticas públicas e do planeamento do desenvolvimento a necessidade de tomar medidas para promover a gestão e a utilização sustentável dos recursos naturais (Mugabe e Clarke, 1998). A formulação de políticas e de leis, associada a várias disposições institucionais para resolver o problema dos problemas globais e ambientais (WRI, 1992). Apesar destes esforços, a degradação ambiental, nomeadamente a perda de diversidade biológica devida à perda de recursos florestais, continua. De acordo com Mugabe e Clarke (1998), a perda de diversidade biológica e a degradação ambiental ameaçam o futuro da humanidade, minando a base socioeconómica da maioria das sociedades.

Devido a estes resultados decepcionantes nos esforços de conservação das florestas, tem havido um reconhecimento crescente da utilização e aplicação dos conhecimentos e instituições tradicionais como uma das estratégias para uma gestão eficaz e sustentável das florestas (Gibson *et al.,* 1999,). De acordo com McKone, (2002), uma vez que as regras e regulamentos dos governos locais e nacionais para proteger e melhorar os recursos florestais se revelaram inadequados na Tanzânia, o governo reconheceu que as 'populações locais' têm um papel a desempenhar na gestão dos recursos naturais.

O conhecimento tradicional é definido por Rurai (2007) como um conjunto acumulado de conhecimentos, crenças e práticas transmitidos através de gerações por transmissão cultural, no que respeita à relação dos seres vivos (incluindo os seres humanos) entre si e com o seu ambiente. O conhecimento tradicional é um atributo das sociedades com continuidade histórica nas práticas de utilização dos recursos (Barnaby e Emery, 2002). Lugeye (1994) afirma que este conhecimento não é estático, mas está em constante mudança e tem uma capacidade inerente de absorver novos conhecimentos relevantes do exterior.

Por outro lado, a instituição é definida pela FAO, (1992) como um conjunto de regras que regem algumas actividades de indivíduos ou grupos. As instituições são importantes para a nossa compreensão social e para a integração da conservação e do desenvolvimento porque elas representam tanto entidades sociais que são duradouras como um meio pelo qual a vida socioeconómica e política das comunidades, regiões e países são integradas (Furze *et al.,* 1996). É importante notar que o envolvimento da comunidade nos esforços de conservação é um processo social que implica uma mudança no arranjo institucional da sociedade. Tais mudanças resultam da incorporação do interesse tanto do Estado como da comunidade na conservação e gestão da base de recursos (Mbwambo, 2000). Os conhecimentos e as instituições tradicionais fornecem vários métodos destinados à conservação das florestas, facilitam o reforço das capacidades, a tomada de decisões participativa e podem também modificar o efeito de factores que se pensa serem a força motriz da desflorestação (Blunt e Warren, 1996; Msuya, 1998; Kajembe *et al.*, 2001).

Apesar do facto de o conhecimento e as instituições indígenas serem atualmente reconhecidos como tendo um grande papel na gestão dos recursos naturais, os estudos realizados sobre o seu papel e eficácia nas terras altas do sul são limitados. No entanto, os estudos centrados no papel dos conhecimentos e instituições tradicionais na gestão florestal têm sido intensos nas zonas nordeste e lacustres da Tanzânia (Mlenge, 2002; Monela *et al.*, 2004; Mwihomeke *et al.*, 1998; Msuya *et al.*, 2006; Ylhaisi, 2006; Mbeyale, 2008). Por conseguinte, este facto motivou a realização do presente estudo sobre o papel e a eficácia dos conhecimentos e instituições tradicionais na gestão florestal nas terras altas do sul da Tanzânia.

Capítulo 2

2.1 Objectivos principais

2.2 Objetivo geral

O objetivo geral do estudo é avaliar o papel e a eficácia dos conhecimentos e instituições tradicionais na gestão florestal no distrito de Rungwe, na Tanzânia.

2.2.1 Objectivos específicos

i. Identificar as instituições tradicionais existentes (formais e informais), as suas práticas de gestão e funções na gestão dos recursos florestais em Rungwe, Distrito.

ii. Avaliar a força e a fraqueza do conhecimento tradicional e das instituições na gestão dos recursos florestais no Distrito.

iii. Propor os métodos adequados de integração dos sistemas tradicionais e convencionais de gestão florestal para uma gestão sustentável das florestas na Tanzânia

Capítulo 3

3.1 Área de estudo e metodologia

3.2 Área de estudo

O distrito de Rungwe está localizado na região de Mbeya. O distrito ocupa uma área de aproximadamente 2.400 km^2 . As elevações variam de 2.900 m a.s.l. a menos de 600 m a.s.l. exceto nas elevações mais baixas, o clima é geralmente fresco, com uma precipitação média anual entre 1500-2000 mm que cai de outubro a agosto. A principal atividade económica é a agricultura, sendo as principais culturas o milho, o feijão, a banana, a batata inglesa, o chá e o piretro. A vegetação natural do distrito varia entre a floresta montana superior, a maior altitude, e a floresta de Miombo, nas terras baixas.

3.3 Conceção da amostragem, recolha e análise de dados

3.3.1 Conceção da amostragem

Foi utilizada uma amostragem objetiva para selecionar seis reservas florestais geridas tradicionalmente. Posteriormente, as aldeias foram estratificadas de acordo com estes tipos de floresta, tendo sido selecionada aleatoriamente uma aldeia da lista de aldeias que faziam fronteira com estes tipos de floresta. A população da aldeia constituiu uma base de amostragem, enquanto o agregado familiar foi a unidade de amostragem. Foram utilizadas intensidades de amostragem entre 5 e 12 na seleção dos agregados familiares para a administração do questionário.

3.3.2 Recolha de dados

3.3.2.1 Recolha de dados primários

Os dados primários foram recolhidos através de: entrevistas não estruturadas e PRA (discussão em grupo), questionários aos agregados familiares e observação participante.

- **Entrevista não estruturada e PRA (discussão em grupo)**

Foi utilizada uma lista de controlo para solicitar informações durante a entrevista pessoal e a discussão de grupo com o informador-chave, que foram realizadas ao nível do distrito e da aldeia, respetivamente. Um informante-chave é um indivíduo acessível, disposto a falar e que tem um grande conhecimento sobre o assunto em questão (Katani, 1999). No entanto, os informadores-chave não são apenas membros da clientela mas, na maior parte das vezes, pessoas de fora informadas (Mettric, 1993). Por conseguinte, neste estudo, os informadores-chave foram os Oficiais Distritais de Recursos Naturais, os líderes governamentais das aldeias, os líderes tradicionais e os anciãos das aldeias. Foi efectuada uma entrevista pessoal entre os investigadores e um destes líderes em momentos diferentes. A fim de atingir nosso objetivo de obter informações confiáveis, em cada aldeia de estudo foram formados dois a três grupos de participantes para a discussão do grupo de enfoque, dependendo do número de indivíduos na aldeia específica. O grupo de discussão era composto por dez indivíduos, incluindo homens e mulheres.

- **Observação participante**

A observação participante também foi utilizada neste estudo. A observação dos participantes foi utilizada para recolher informações gerais, que necessitavam de observação direta. Durante as observações dos participantes, os investigadores tiveram a oportunidade de comparar o que foi relatado pelo inquirido com o que realmente se passou no terreno. Merrick, (1993), argumenta que é sempre bom manter os olhos abertos quando se visita a área de estudo. Por conseguinte, o método de observação participante foi importante porque os investigadores tiveram oportunidade de observar o estado das florestas tradicionais geridas de forma tradicional.

- Questionários aos agregados familiares

Foi também utilizado um questionário ao agregado familiar para a recolha de dados. O Word Bank (1995) definiu agregado familiar como uma unidade constituída por uma ou mais pessoas, aparentadas ou não aparentadas, que vivem juntas numa ou mais habitações e têm um regime de restauração comum. Os agregados familiares foram seleccionados a partir dos livros de registo das aldeias, nos quais constavam todos os membros dos aldeões e do agregado familiar. O chefe do agregado familiar foi o principal inquirido. As aldeias seleccionadas foram Kabale, Idwele, Kikota e Bujesi, da divisão de Busekelo, e Mbambo, Bujesi e Katundulu, da divisão de Pakati. A dimensão da amostra variou entre 5,0% e 14% e foi utilizada para selecionar agregados familiares para entrevistas por questionário, conforme indicado no (Quadro 1). A seleção do tamanho da amostra baseou-se no número de agregados familiares na aldeia. Isto deve-se ao facto de que o tamanho da amostra deve ser de, pelo menos, 30 agregados familiares, ou mais de 5% do número total de agregados familiares em cada aldeia (Kajembe e Luoga, 1996).

Tabela 1. Total de agregados familiares na aldeia e número de pessoas incluídas na amostra para entrevista na área de estudo.

Village	Total No of households	Population	No of sampled households	%Sample size
Kabale	252	954	30	11.9
Idwele	728	1780	37	5.1
Kikota	580	2735	35	6
Mbambo	226	813	30	13.3
Bujesi	239	847	30	12.6
Katundulu	356	1913	33	9.3
Total	**2381**	**9042**	**195**	

Antes de iniciar o inquérito por questionário, foi feito um pré-teste do questionário para verificar a fiabilidade do questionário, a capacidade e a probabilidade de os entrevistados compreenderem e responderem às perguntas e minimizar as possibilidades de omissão de informações relevantes. Os questionários que foram concebidos para obter dados quantitativos e qualitativos são apresentados no (anexo 2)

3.3.2.2 Recolha de dados secundários

Os dados secundários foram obtidos através da análise de várias publicações, relatórios de estudos e da Internet.

3.3.3 Análise dos dados

A análise de conteúdo foi utilizada para analisar os dados das entrevistas não estruturadas e do PRA (discussão em grupo), enquanto o pacote estatístico para as ciências sociais (SPSS) foi utilizado para analisar os dados dos questionários. O programa Microsoft Excel foi utilizado para a geração de figuras.

Capítulo 4

4.0 Resultados

4.1 Reservas florestais tradicionais e objectivos de estabelecimento

Os resultados mostram que, no Distrito de Rungwe, há um bom número de reservas florestais tradicionais. Os objectivos para o estabelecimento das reservas florestais variam entre as aldeias, conforme indicado no apêndice 1. Notou-se também que alguns dos objectivos das reservas florestais mudaram em algumas aldeias, como se mostra na (tabela 2)

Quadro 2. Objetivo do estabelecimento de TFRs no distrito de Rungwe.

S/N	Village	Purpose of establishing traditional FR.	
		Pre-colonial	**Post colonial**
1	Kabale	Sacred grave, worship and prayers, Traditional meeting	Conservation
2	Idwele	Traditional prayers, Traditional meeting	Micro-catchment
3	**Kikota	Traditional prayers, Traditional meeting	Traditional prayers, Traditional meeting
4	Mbambo	Burial	Conservation
5	** Bujesi	Traditional prayers	Traditional prayers
6	Katundulu	Burial	Conservation

Fonte: Dados de campo (2009).

** As orações tradicionais na floresta tradicional ainda são praticadas na aldeia.

4.1 . 2 Práticas de gestão das reservas florestais tradicionais

Na área de estudo, foram identificados diferentes níveis de práticas de gestão de recursos florestais, que diferem de uma aldeia para outra (Tabela 3). Verificou-se que, em todas as aldeias visitadas, as práticas/abordagens de gestão dos recursos florestais foram herdadas dos seus antepassados.

Quadro 3: Práticas tradicionais de gestão no distrito de Rungwe.

Village	Management practice	Description
Kabale	Total protection	Nothing is taken out of the TFR
Idwele	Protection slightly utilization	Firewood, fruits, medicines are taken out under permission from their leaders
Kikota	Protection slightly utilization	Firewood, fruits, medicines, poles are taken out without even permission from their leaders. The villagers supervise themselves in utilization of the forests resources.
Mbambo	Protection slightly utilization	Non timber forest product and keeping animals is allowed.
Bujesi	Total protection	Nothing is taken out of the TFR
Katundulu	Protection with some utilization	Non timber forest product and keeping animals is allowed

Fonte: Dados de campo (2009)

4.1.3 Instituições que gerem a TFR e suas funções

4.1.3.1 Gestão institucional das Reservas Florestais Tradicionais

Durante o debate, constatou-se que as instituições indígenas e os seus conhecimentos desempenham um papel importante na conservação das florestas no distrito de Rungwe. Notou-se que, no passado, os líderes tradicionais eram a principal instituição tradicional responsável pela gestão das reservas florestais tradicionais. No entanto, devido ao declínio da força de tais instituições devido a várias razões, incluindo a introdução de religiões (cristianismo) e educação moderna na área, bem como casamentos, emigração e imigração, atualmente as instituições governamentais, tais como o

Governo de Aldeia, estão envolvidas na gestão destas florestas tradicionais em cooperação com os líderes tradicionais.

4.1.3.2 Funções das florestas institucionais que gerem as TFR

Notou-se também que as principais funções dos líderes de aldeia no manejo florestal eram a conscientização, a criação de leis, a aplicação da lei e a convocação de reuniões tradicionais. Observou-se que o uso de ambas as leis do governo da aldeia e as leis tradicionais no manejo de florestas foi muito bem-sucedido. Isso foi comprovado pela resposta de todos os respondentes (100%) em todas as aldeias pesquisadas que declararam que as reservas florestais tradicionais permaneceram intactas enquanto que as reservas florestais gerenciadas pelo Distrito e pelo Governo Central foram seriamente invadidas.

4.2 Eficácia e fraqueza das instituições tradicionais na gestão florestal

A eficácia das instituições tradicionais na gestão florestal foi medida e analisada a partir da perceção da comunidade local em relação aos seus líderes tradicionais sobre as práticas de gestão em comparação com as das instituições governamentais. Os inquiridos nas aldeias do estudo tinham opiniões diferentes sobre a eficácia e a fraqueza (ineficácia) das instituições envolvidas na gestão florestal. A Figura 1 mostra que a maioria dos inquiridos no distrito sublinha a eficácia das instituições tradicionais no manejo florestal, enquanto muito poucos defendem a eficácia do governo da aldeia no manejo florestal. A partir disso, pode-se concluir que as instituições tradicionais são mais fortes no manejo florestal em comparação com as instituições governamentais que foram observadas como sendo mais fracas. A razão disto deve-se ao facto de que a maior parte das florestas geridas pelas instituições governamentais, particularmente ao nível distrital e nacional, estavam altamente degradadas, enquanto que as florestas geridas pelas instituições tradicionais que utilizam o conhecimento indígena ainda estão intactas, embora as comunidades sejam adjacentes aos recursos florestais.

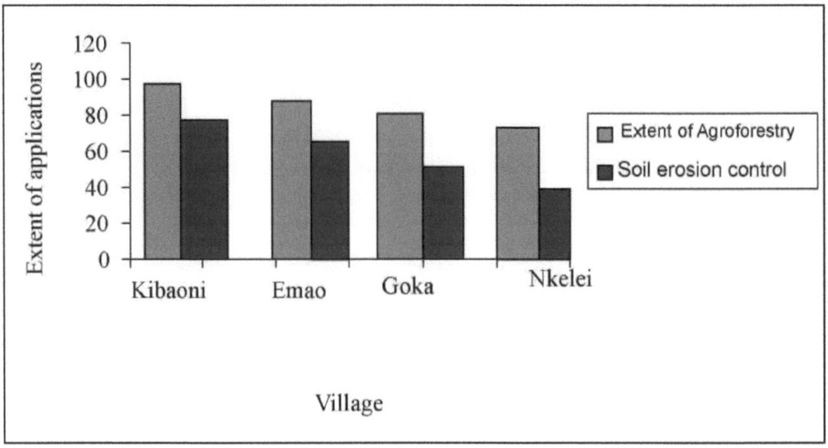

Figura 1 Opiniões dos aldeões sobre a eficácia das instituições na gestão florestal na área de estudo

4.2 Factores que contribuem para a eficácia das instituições tradicionais na floresta gestão

Durante as discussões em grupo, foi identificado que a eficácia das instituições tradicionais no manejo florestal é alcançada através da realização de vários fatores. Estes incluem: liderança forte, eficácia dos líderes na aplicação da lei, disponibilidade de terra para agricultura e plantio de árvores, renda das famílias e educação sobre a conservação da floresta. Além disso, notou-se que os líderes tradicionais nas aldeias visitadas estão bem organizados na supervisão das actividades de produção de alimentos, bem como na conservação das florestas.

Capítulo 5

5.0 Discussão

5.1 Reservas florestais tradicionais e objectivos de estabelecimento

No Distrito de Rungwe existem 92 Reservas Florestais Tradicionais. De acordo com McKone, (2002), os objectivos do estabelecimento das reservas florestais incluem o culto, a oração, o enterro, a captação da chuva, o abate, a conservação e fins anónimos. Verificou-se que os objectivos da criação das reservas florestais tradicionais diferem de uma aldeia para outra. No entanto, verificou-se que o objetivo das florestas tem vindo a mudar com o tempo, como se mostra na (Tabela 2). As razões da mudança devem-se ao enfraquecimento dos rituais tradicionais. O enfraquecimento dos rituais tradicionais foi atribuído à introdução de religiões (cristianismo), à educação formal, aos casamentos entre pessoas do mesmo sexo e à imigração e emigração.

5.2 Práticas de gestão das reservas florestais tradicionais

O termo práticas tradicionais em recursos naturais, tal como utilizado neste estudo, foi definido por Kajembe (1994) como as pequenas e grandes decisões tomadas diariamente pela população local na sua geração, proteção e utilização de recursos biológicos. As práticas de gestão dos recursos florestais naturais aumentam os benefícios socioeconómicos múltiplos a longo prazo para satisfazer as necessidades da sociedade (Shemdoe, 2003; Rurai, 2007). Estas práticas de gestão asseguram oportunidades de recreio, valores culturais e espirituais e outros benefícios resultantes da conservação das florestas e, ao mesmo tempo, proporcionam benefícios económicos, tais como produtos florestais lenhosos e não lenhosos, incluindo forragem para o gado (Rurai, 2007). Kajembe (1994) afirmou que as práticas institucionais tradicionais são tanto situacionais como institucionalmente dinâmicas, em vez de estáticas. Esta observação foi contrária ao nosso local de estudo, visto que a maioria das práticas de gestão florestal que são atualmente utilizadas foram herdadas dos antepassados. Contudo, foi revelado que as práticas de manejo florestal diferem de aldeia para aldeia, mas nem sempre, conforme mostrado na (tabela 3) acima.

5.3 Instituições que gerem a TFR e respectivas funções

A alta dependência da população local dos recursos naturais para sua subsistência influenciou a elaboração de regras, regulamentos e práticas apropriadas para o uso dos recursos naturais (Heywood, 1992). São estas regras e regulamentos que são chamados instituições porque são usados para governar as actividades humanas e moldar o comportamento das pessoas em relação à utilização dos recursos florestais. Na área de estudo, as instituições tradicionais que geriam as TFRs eram os líderes tradicionais assistidos pelo governo da aldeia. Os chefes tradicionais são liderados por Chifu *(Mwalafyale*) e *Limfumu* (membros do gabinete do Chifu) e guardas de segurança locais (Mgambo) para ajudar os chefes e os seus assistentes (Limfumu), enquanto o governo da aldeia é liderado pelo presidente da aldeia. De acordo com Kajembe *et al.* (2001), estes líderes tradicionais também se encontram noutras partes do país, onde são conhecidos por "*Wazee wa mila*". Tanto as instituições tradicionais como os governos das aldeias são importantes para a conservação das reservas florestais, pois desempenham um papel importante na sensibilização e na aplicação da lei. O seu papel é vital para proteger a floresta da invasão.

5.3 Eficácia das instituições tradicionais na gestão florestal

Apesar do facto de as chefias na Tanzânia terem sido abolidas em 1961, outras formas de liderança tradicional prevaleciam e continuavam a ser fortes e eficazes. No local de estudo, a maioria dos inquiridos em Kabale (97%), Idwele (87%), Kikota (93%), Mbambo (89,4%), Bujesi (93,9%) e Katundulu (85,3%) demonstrou que as instituições tradicionais eram eficazes na gestão florestal em comparação com as instituições governamentais, conforme a figura 1. Os resultados indicam que as pessoas no distrito de Rungwe confiam mais nas instituições tradicionais no manejo florestal do que nas instituições governamentais. De acordo com Kweka, (2004) uma instituição forte é aquela em que as comunidades confiam; mais uma vez, a instituição fraca pode ser induzida pela instituição forte a realizar actividades de conservação. Isto pode dever-se ao facto de os líderes tradicionais estarem muito familiarizados com os rituais, normas, tabus e iniciações tradicionais *(ibid)*. Eles lideram e dirigem várias actividades tradicionais numa sociedade. Estabelecem regras, costumes e tabus, que são utilizados na vida quotidiana da população local. São responsáveis pela organização de rituais na floresta ou por punir com advertências ou multas as pessoas que violam as normas tradicionais da aldeia. Tudo isso faz com que as florestas administradas sob esse regime permaneçam intactas, enquanto as reservas florestais do governo no distrito sofrem sérias invasões.

5.4 Factores que contribuem para a eficácia das instituições tradicionais na gestão florestal

Os factores que contribuem para a eficácia das instituições tradicionais na gestão das suas florestas incluem: eficácia na aplicação da lei, disponibilidade de terras, rendimentos e educação.

5.3.1 Eficácia na aplicação da lei

As instituições locais constituem regras, normas e costumes com as suas características de aplicação, que determinam o direito e a obrigação entre as pessoas (Gunnarson, 1991). Isto também foi observado em todas as aldeias visitadas durante o estudo, pois os aldeões têm um conjunto de regras e regulamentos que regem a conservação das reservas florestais. As pessoas que violavam as regras e os regulamentos eram punidas com advertências e multas. Além disso, a elegância e a força dos líderes tradicionais para instituir essas regras e regulamentos eram importantes na gestão dos recursos florestais na aldeia. Esta pode ser a razão principal para as pessoas obedecerem às regras e regulamentos na sua vizinhança e, por conseguinte, não haver ou haver menos invasão das reservas florestais tradicionais.

5.3.2 Disponibilidade de terras e cultura de plantação de árvores

A terra é um dos factores determinantes mais importantes na gestão sustentável dos recursos (Kingazi, 2002). De acordo com Rurai, (2007). A disponibilidade de terra é um dos factores determinantes para o sucesso da atividade de gestão florestal. Com terra suficiente, as pessoas podem ter a oportunidade de cultivar uma variedade de alimentos e culturas de rendimento enquanto realizam actividades de conservação (*ibid)*. Este fenómeno também foi observado na área de estudo. No distrito de Rungwe, há disponibilidade de terra para plantar culturas alimentares, tais como bananas, milho, feijão, batatas e culturas de rendimento, tais como chá e piretro. Também se observou que plantam várias espécies de árvores como Eucalyptus spp, *Grevellia rubusta* e árvores de fruto. As árvores plantadas não só eram importantes para a melhoria do clima, mas também eram uma boa fonte de lenha e outros produtos de madeira para uso doméstico. Por conseguinte, este facto faz com que os agregados familiares da aldeia obtenham facilmente as suas necessidades diárias de lenha e, assim, assegurem uma exploração nula ou reduzida das florestas naturais.

5.3.3 Rendimento dos agregados familiares

O rendimento é um dos factores determinantes para se conseguir uma gestão sustentável dos recursos naturais (Fanuel, 2002). O esgotamento das reservas de madeira através da colheita de lenha (queima de carvão e recolha de lenha) tem implicações económicas, uma vez que as pessoas com rendimentos mais baixos passam mais tempo nas florestas a recolher lenha do que as pessoas com rendimentos mais elevados (Katani, 1999). Isto é contrário ao que foi observado no nosso local de estudo. No Distrito de Rungwe, o bom clima é favorável às actividades agrícolas, tanto para as culturas alimentares como para as culturas de rendimento, contribuindo assim grandemente para o rendimento da comunidade local. No entanto, foi relatado que a invasão das reservas florestais geridas pelo governo distrital e nacional para a colheita de madeira e a queima de carvão era elevada, ao contrário do cenário observado nas reservas florestais tradicionais. Conclui-se, portanto, que a gestão e a aplicação da lei são factores determinantes para a obtenção de uma gestão sustentável dos recursos naturais e não do rendimento, como salientado por vários investigadores. No entanto, a equipa de estudo descobriu que a fraca capacidade de aplicação da lei e a corrupção entre os funcionários públicos são os principais factores que contribuem para o esgotamento das florestas. Vários funcionários do governo, aos níveis distrital e nacional, reclamaram que o sector florestal tem um número limitado de trabalhadores para gerir os recursos florestais. No entanto, o número limitado de trabalhadores é, na sua maioria, corrupto, o que encoraja a colheita ilegal de árvores e outros produtos florestais que contribuem para a desflorestação e degradação das florestas. Por conseguinte, a melhoria da gestão é vital para a gestão sustentável dos recursos florestais no país.

5.3.4 Educação do indivíduo

A educação é uma ferramenta importante que pode levar as pessoas a gerir corretamente os recursos, incluindo as reservas florestais. Através da educação, a comunidade pode conhecer as razões para cuidar do seu ambiente (Rutatora1993). Foi salientado que a adoção de competências não está necessariamente perfeitamente correlacionada com os anos de escolaridade. Isto é verdade, tal como foi observado durante este estudo. Observou-se que, tanto a educação formal como a informal eram importantes para a conservação dos recursos naturais. A maioria dos líderes tradicionais e anciãos responsáveis pela gestão florestal não tinham educação formal e nunca gastaram anos de escolaridade. A educação informal sobre a importância de conservar as florestas para vários usos foi obtida dos seus falecidos pais a nível familiar. No entanto, foram eficazes na proteção do ambiente (conservação das florestas). Isto é semelhante à conclusão de Senkondo *et al.,* (1998), em que a adoção de tecnologias de recolha de águas pluviais em Western Pare não foi significativamente explicada pelo nível de educação, mas sim por outros factores como a experiência na agricultura e as características tecnológicas percebidas. Por conseguinte, pode concluir-se que a eficácia na gestão dos recursos florestais pode ser alcançada através da educação formal e informal.

5.4 Fraqueza das instituições tradicionais na gestão florestal

5.4.1 Envolvimento do congregativo de género nas actividades de conservação

O género é uma construção cultural relacionada com o comportamento aprendido por homens e mulheres (Mbwambo, 2000). A autora sublinha ainda que o género não é sinónimo de mulher, mas considera tanto os homens como as mulheres e a sua relação de interdependência. Esta relação social influencia os papéis que os homens e as mulheres desempenham na conservação dos recursos naturais (Fanuel, 2002). Contudo, no nosso local de estudo, em algumas aldeias (Kabale, Idwele), as mulheres tinham participado na discussão de diferentes assuntos da aldeia. A razão para não envolver as mulheres nas reuniões ou actividades de conservação florestal foi que elas reduzem o poder do Chifu (*Mwalafyale*). Isso difere de outros resultados de estudos relacionados que mostraram que as mulheres são muito ativas nas atividades de conservação. Por exemplo, Katani (1999) argumentou que, ao contrário dos homens, as mulheres são boas e activas nas actividades de plantação e conservação de árvores. Além disso, de acordo com Davidson e Dankelman (1988), o movimento da cintura verde do Quénia é um exemplo vivo da participação das mulheres na plantação de árvores como meio de conservação do ambiente. Por conseguinte, a exclusão das mulheres em vários assuntos da aldeia, incluindo as questões de gestão florestal, deve ser evitada para o êxito da conservação dos recursos florestais.

Capítulo 6

6.0 Aplicações potenciais dos resultados

Os resultados do estudo forneceram informações de base sobre o sistema de gestão florestal adequado aos planeadores e decisores políticos. Por conseguinte, será desenvolvida uma estratégia para integrar as instituições tradicionais e governamentais nos sistemas de gestão florestal, enquanto que a força das instituições tradicionais na gestão florestal será incorporada na política florestal para uma gestão eficaz deste recurso na Tanzânia

Capítulo 7

7.0 Lições aprendidas

- As instituições tradicionais são muito importantes para a conservação das florestas, uma vez que as pessoas estão conscientes de que a violação das regras tradicionais utilizadas na gestão das florestas tradicionais pode causar-lhes problemas.
- As instituições tradicionais estão atualmente a enfraquecer, devido à conversão de alguns chefes de tribo ao cristianismo, à morte de líderes tradicionais e à educação informal. Este facto constitui uma limitação e uma ameaça à sustentabilidade das práticas de gestão.
- A população do Distrito de Rungwe respeita muito os seus líderes tradicionais. Este facto foi exemplificado pela não invasão das reservas florestais tradicionais, que são propriedade da aldeia e geridas sob a supervisão dos líderes tradicionais.
- A maioria dos sistemas de gestão florestal utilizados pelo governo e pelas agências governamentais na gestão dos recursos florestais são adoptados de instituições tradicionais; contudo, a sua gestão não é eficaz, exceto no caso do TANAPA. A ineficácia da gestão florestal por parte do governo deve-se à fraca liderança, à baixa capacidade de aplicação da lei e à corrupção entre os funcionários públicos.
- Todos os aldeões, especialmente os homens e as mulheres em algumas aldeias, estavam participando na guarda das reservas florestais nas aldeias. O envolvimento dos aldeões na guarda da floresta é a melhor abordagem, pois eles conhecem-se uns aos outros na aldeia e é fácil controlar qualquer pessoa que entre na floresta para cortar árvores e recolher outros produtos florestais.
- Líderes fortes e elegantes são muito importantes em questões de conversação florestal. Os líderes tradicionais, como Chifu *(Mwalafayale*) e *Malifumu,* demonstraram uma liderança notável que permite que as suas reservas florestais permaneçam intactas.

- A educação das crianças (alunos do ensino primário e escolar) ao nível da família, da aldeia, do distrito e do país é importante para o sucesso da conservação da floresta no país.

Capítulo 8

8.0 Referências

Barnaby, J e Emery, A.R. (2002). Definição de conhecimento tradicional. Actas do tratado Akaitcho # 8: Workshop sobre efeitos cumulativos, Lutsel k's, 19 de abril de 2001.

Blunt, P. e Warren, D.M. (1996). Organizações indígenas e desenvolvimento. Publicações de Tecnologia Intermédia. Pp.5, 48

Butler. R. (2006). Perfil Ambiental da Tanzânia. http://rainforests.mongabay.com/20tanzania.htm. Acedido em 12/10/2008

Davidson, J. e Parkelman, E. (1988). Women and Environment in the 3rd World: Alliance for future. Earthscan publication L.T.D. London association with IUCN. 43-54pp.

Fanuel, J. (2002). Impact of indigenous Based Intervention on Land Conservation; A case study of soil conservation and Agroforestry project, Arumeru District, Arusha. Dissertação para obtenção do grau de Mestre na Universidade de Agricultura de Sokoine, Morogoro, Tanzânia.140pp.

FAO, (1992). Um quadro para a análise dos incentivos institucionais na silvicultura comunitária. Floresta, Árvore e Pessoas. Community forestry note 10. Roma, Itália.pp.129.

Furze, B., Terry De Lacy e Birckheed (1996). Conservação da cultura e biodiversidade. The social dimension of linking local level development and conservation through protected areas. John Weleys and Sons. Nova Iorque. pp 269

Gibson, C.C. McKean, M.A. e Ostrom, E. (eds) (1999). People and Forests: Communities, institutions and the governance of forests. Cambridge M.A: MIT press.

Gunnarson, C. (1991). 'O que é novo e o que é institucional na Economia Institucional?". Um ensaio sobre o velho e o novo institucionalismo e o papel do Estado no desenvolvimento. 38pp.

Kajembe. G.C. e Luoga, E.J (1996). Aspectos Socioeconómicos da Produção de Árvores no Distrito de Njombe. Relatório de Consultoria para o Projeto de Conservação de Recursos Naturais e Gestão do Uso de Terras. Foreconsult, Faculdade de Silvicultura e Conservação da Natureza, Universidade de Agricultura de Sokoine, Morogoro.99pp.

Katani, J.Z. (1999). Estratégias de combate à desflorestação: impacto de factores socioeconómicos com especial atenção ao conhecimento indígena baseado em funções. Um estudo de caso do distrito de Mwanza. Dissertação para obtenção do grau de Mestre na Universidade de Agricultura de Sokoine, Morogoro, Tanzânia.110pp

Lugeye.J (1994). O papel do conhecimento indígena dos agricultores na gestão dos recursos naturais. In: Actas da Convocatória da Universidade de Agricultura de Sokoine: 1st Workshop (eds) N. Hatibu, S. Madoffe, A.E. Prereka, S.T. Maffu, R. R. Machang'u and D.F Rutatora July

26th -27th 1994. Morogoro. Tanzânia

Kajembe, G.C. (1994). Sistema de gestão indígena como base para florestas comunitárias na Tanzânia. Um estudo de caso dos distritos urbanos de Dodoma e Lushoto. *Tropical Resources Management Paper number.* Universidade Agrícola de Wageningen, Países Baixos. Pp194.

Kajembe, G.C., Mwaipopo C.S., Z.S.K. Mvena e G.C. Monela (2001). The Role of Traditional leadership, Institutions and Ecological knowledge in Sustainable Management of Miombo Woodlands in Handeni district Tanzania (O papel da liderança tradicional, das instituições e do conhecimento ecológico na gestão sustentável das florestas de miombo no distrito de Handeni, Tanzânia).

Kingazi, S. P. (2002). Avaliação dos factores socioeconómicos e institucionais que influenciam a gestão da Reserva Florestal de Chome, sul da Montanha Pare, Tanzânia. Dissertação para obtenção do grau de Mestre na Universidade de Agricultura de Sokoine, Morogoro, Tanzânia.144pp

Kweka, D. 2004. The role of local knowledge and institution in the conservation of forest resources in the Eastusambara. [Online]. *bcb 706. blogspot. com/2007/03/potential-role-of-socialtaboos-in_482.html - 48k* Acedido em 19 de maio de 2009.

Mbeyale, G.E. (2008). O impacto das mudanças institucionais na gestão dos recursos comuns na bacia hidrográfica do rio Pangani: Um caso do distrito de Same, Tanzânia [dissertação de doutoramento]. Dar es Salaam, Tanzânia: Universidade de Dar es Salaam.

Mbwambo, J.S.(2000). O papel do conhecimento e das organizações locais na conservação sustentável da biodiversidade: Um estudo de caso da montanha Udizungwa.
Dissertação apresentada como requisito parcial para a obtenção do grau de Mestre em Ciências Florestais pela Universidade de Agricultura de Sokoine, Morogoro, Tanzânia. 125pp

McKone, D. (2002). Um breve levantamento das reservas florestais tradicionais do Distrito de Rungwe, Região de Mbeya, Tanzânia. http://www.mckone.org/tfrrung.html. Acedido em 20 de junho. 2008.

Mettrick. H. Developing Oriented Reserch on Agriculture. Um livro didático da ICRA. Wangeningeni, Países Baixos. 287pp.

Mlenge, W. (2002). Revival of customary land care in Shinyanga, Region, Tanzania. *Forests, Trees and people (Florestas, árvores e pessoas).* 46: 21-28.

Monela, G, Chamshama, S.A.O.; Mwaipopo, R. e Gamassa, D. (2004). Um estudo sobre os impactos sociais, económicos e ambientais da restauração da paisagem florestal na região de

Shinyanga, Tanzânia. República Unida da Tanzânia, Ministério dos Recursos Naturais e do Turismo e União Mundial para a Natureza (UICN), Gabinete Regional da África Oriental.

Msuya, T.S. 1998. Usos e métodos indígenas de conservação de plantas silvestres: Um caso das Montanhas de Usambara Ocidental, Tanzânia. Tese de Mestrado não publicada, NORAGRIC, Universidade Agrícola da Noruega.

Msuya, T.S; Mndolwa, M.A.; Mbwambo L.; Mhando L; Bakengesa S e Japhet, E. (2006). Factores que afectam as práticas de gestão de florestas rotativas e sistemas ngitili e a sua implicação na restauração florestal de ecossistemas degradados em Shinyanga, Tanzânia. In: Nikundiwe, A.M. and J.D.L. Kabigumila (eds.). drylands ecosystems: challenges and opportunities for sustainable natural resources management: Actas do Workshop Regional realizado no Hotel Impala, Arusha, Tanzânia, 7-9 de junho (2006). Programa de Investigação sobre o Uso Sustentável da Biodiversidade das Terras Secas, Universidade de Dar es Salaam, Dar es Salaam. Pp 198-206.

Mwihomeke, S.T; Msangi, T.H; Mabula, C.K.; Ylhaisi, J. & Mndeme, C.K (1998) Traditionally protected forests and nature conservation in the North Pare Mountains and Handeni District, Tanzania. *Jornal de História Natural da África Oriental*. 87, 279-290,

Mugabe, J. e N. Clark (eds). Managing biodiversity: Sistemas nacionais de conservação e inovação em África. Centro Africano de Estudos Tecnológicos (ACTS). Nairobi, Quénia. 279pp

Njana R. N. (1998). Perspetiva do envolvimento das populações locais na gestão das Reservas Florestais de Captação: Um estudo de caso da Reserva Florestal de Captação de Mawiwa Kisara do Norte, Morogoro, Tanzânia. Dissertação para obtenção do grau de Mestre na Universidade de Agricultura de Sokoine, Morogoro, Tanzânia.137pp

Rurai, T.M. The role of traditional knowledge and local institutions in the conservation of micro-catchment forests among the Sanjo Agro-pastoralists, Ngongoro District, Tanzania. Dissertação para obtenção do grau de Mestre na Universidade de Agricultura de Sokoine, Morogoro, Tanzânia.115pp

URT, (1998). Política Florestal Nacional da Tanzânia. Ministério dos Recursos Naturais e do Turismo (MNRT) Dar Es Salaam. pg. 59.

Ylhaisi J. (2006). Florestas tradicionalmente protegidas e florestas sagradas dos grupos étnicos Zigua e Gweno na Tanzânia. Helsingin Yliopiston Maantieteen Laitoksen Julkaisuja Publicationes Instituti Geographici Universitas Helsingiensis. 37 pp

Shemdoe R.S. (2002). Ecosystem mananagement Practices and Human Plague problesms in West Usambara, Tanzania : Dissertação para atribuição do grau de Mestre na Universidade de Agricultura de Sokoine, Morogoro, Tanzania.65pp

Rutatatora, D.F. (1993). Agricultura e Ambiente: a necessidade de uma educação contínua dos agricultores. In: Actas do Workshop de Extensão da Sociedade de Educação Agrícola da Tanzânia. (Editado por Rutachokazibwa,V. *et al.,*), 22-24 de novembro de 1993, Dodoma, Tanzânia. 53pp.

World Resource Institute (WRI), The World Conservation Union, United Nationals Environmental Program (1992). *Estratégia Global para a Biodiversidade: Foundation for future.* Um quadro para a integração da conservação e do desenvolvimento sustentável. Programa de Apoio à Biodiversidade 149pp.

Capítulo 9

9.0 Apêndices

Apêndice 2. Lista das reservas florestais tradicionais no distrito de Rungwe.

Divisão: Busekelo

Ward	Village	TFR Name	Purpose	Size(ha)
Itete	------	1. Busekele	W/P/B	
	Kibole	2. Kibole		--
Kabula*	Kapyu	3. Kapyu*	W/P/B	0.5
	Kitema	4. Lubaga	R	-----
Kandete*	Ndala(Bujingijila)	5. Ihobe*	W/P/B	1.5
	Ipelo	6. Mwakajwesya	W/P/B	1.0
	Ipelo	7. Ipyana	W/P/B	1.0
	------	8. Mwela	W/P/B	1.0
Lufilyo	Kipyola	9. Mwambebule#	B	--
	Kikuba	10. Mwakatungila#	B	--
	Kikuba	11. Mwaijande#	B	--
	Kikapa	12. Mwandosya#	B	--
Lupata	------	13. Bwibika#	W/P	0.4
	Nsoso(Kikulumba)	14. Kikulumba	W/P	0.4
	Lupata	15. Ipinda	B	--
	Mpanda?	16. Lubaga	W/P	--
Luteba*	Ipuguso	17. Ilongelo*	W/P/B	4.5
	Ipuguso	18. Bunyakalambo*	W/P	0.15
	Kilasi	19. Mwakifumwba	W/P/B	--
	Isale	20. Mwakajwanga	W/P/B	--
	Isale	21. Hende	W/P/B	--
	Isale	22. Mbengwe	W/P/B	--
Lwangwa	Ikamambande	23. Ikamambande	B	--
	Lupaso	24. Banyasabala	B	--
	Lupaso	25. Magila	B	--
Mpombo	Ijoka	26. Mwabulili	W/P/B	--
	Nkalisi	27. Ipyana	W/P/B	--

Divisão: Pakati

Ward	Village	TFR Name	Purpose	Size(ha)
Bujela	Katundulu	28. Kinyangwa	W/P/R	--
Ilima	Katundulu	29. Lugombo	B	--
	Ilima	30. Ntitu(Nsitakujoba)	W/P/R	--
Kambasegela	Kambasegela	31. Kambasegela	B	0.4
	Mbambo	32. Mbambo	B	0.4
	Kapulampunguti	33. ------#	W/P	0.4

Kisiba	Mbaka	34. London	B	--
	Isabula	35. Isabula	--	--
	Busisya	36. Mbwigu	R	>1.0
	Isabula	37. Katubwi	R	>1.0
Kisondela*	Mpuga	38. Mwajombili*	W/P/B	0.2
Masoko	Bujesi	39. Ikuyu	W/P	--
	Bujesi	40. Ibungu	W/P	--
	Bulongwe	41. Ngaseke	B	--
	Lupando	42. Mbwata	B	--
	Lupando	43. Isumba	--	--
	Nsasya	44. Kikuku	R	>1.0
Masukulu*	Ijigha	45. Ijigha*	W/P/B	0.075
	Mpakani	46. Mlima Ngunguru*	W/P	10.0
	Mpakani	47. ------	--	<0.5
	Mpakani	48. ------	--	<0.5
Mpuguso	Mibula	49. Igembe?	B	--
	Mibula	50. Kilonganongwa?	B	0.25

Divisão: Ukukwe

Ward	Village	TFR Name	Purpose	Size(ha)
Ikuti	Ibungu	51. Kasonde	--	5.0
	Ibungu	52. Kipanya	--	>5.0?
	Ibungu	53. Mfungwe	--	0.4
	Ikuti	54. Kagisa	--	2.5
	Ikuti	55. Ibugu	--	2.0
	Ikuti	56. Mabale	--	>1.0
	Ikuti	57. Logelo	--	1.5
	Ikuti	58. Itima	--	2.0
	Ikuti	59. Mwakapemba	--	0.4
	Ikuti	60. Jutai	--	0.4
	Ikuti	61. Kyangala	--	0.4
	Ikuti	62. Malema	--	0.4
	Kyoba	63. Kabeta (Igembe)	--	1.0
	Lupepo	64. Kigugu	--	1.0
	Lyenje	65. Kabaka	--	>5.0?
	Lyenje	66. Mbega	--	>5.0?
	Mboyo	67. Kikuyu	--	2.5
Isongole*	Idweli (Isongole)	68. Ndele*	C	2.0
	Mbeye	69. Mbeye*	W/P	10.0
Kinyala*	Igembe	70. Kapilimka	W/P/B	--
	Igembe	71. Kanjelu	W/P/B	--
	Igembe	72. Kipili	W/P	--
	Lukata	73. Lukata*	W/P	0.25
	Swaya	74. Mwangajile	B	--
Kiwira*	Kikota	75. Ibasa*	W/P	2.5

	Ilolo	76. Ijaasa	W/P	0.8
	Ilolo	77. Ulinzi	--	--
	Ilundo	78. ------	W/P	--
Lufingo	Lugombo	79. Ibaga	B	--
Malindo*	Ibungila	80. Mwanunu*	W/P	0.3
	Kapugi	81. Kapugi	B	0.05
Suma*	Nditu	82. Lukingi	W/P	<0.4
	Nditu	83. Maasa	W/P/C	<0.4
	Nduti	84. Bulongwe	W/P	<0.4
	Kabale	85. Kafwandilo (Kabula)*	S	0.1
	Kabale	86. Kabale*	W/P	10.0
	Kabale	87. Igirimo*	B	0.05
	Busona	88. Bulyaga	W/P	<0.4
	Ibumba	89. Njisi	W/P	<0.4
	Kituli	90. Kasyuto (Lota)	W/P	<0.4
	Masebe	91. Masebe	--	<0.4
	Masebe	92. Mpafu	--	<0.4
	Masebe	93. Mwasumbi	--	<0.4
	Suma	94. Itende	--	1.8

Fonte: McKone, D. (2002)

Apêndice 1. Questionário ao agregado familiar (CBFM)

Introdução

Este questionário tem por objetivo avaliar o papel e a eficácia dos conhecimentos e das instituições tradicionais na gestão das florestas. Ele se concentra na identificação das florestas tradicionais e suas categorias, bem como nas instituições tradicionais disponíveis. Além disso, o questionário visa avaliar o potencial e os constrangimentos do conhecimento tradicional e das instituições na gestão dos recursos florestais no distrito de Rungwe.

A. Informações de carácter geral

1. Nome do enumerador2 .... Data..................................

3. Aldeia/cidade3...bairro........................

4. Distrito5. .... Região..............................

6. Nome do inquirido ....

8. Sexo

(Masculino/Feminino)

9. ....Anos de idade

9. Estado civil **(solteiro/casado/divorciado/viúvo/separado)**

10. Historial escolar

    1 Sem educação formal

    2 Educação de adultos

    3 Ensino primário

    4 Secundário

    5 Educação

    6 Ensino pós-secundário

11. Composição do agregado familiar

Family member	Number /size
Family member below 5 years	
Family member between 5 and 18 years	
Family member between 18 and 45 years	
Family member below 45 and 60 years	
Above 60 years	

B. Informação sobre a gestão tradicional das florestas

12. Existe alguma reserva florestal tradicional na sua aldeia **(Sim/Não)**

Em caso afirmativo, quantas florestas tradicionais.......................

13. Quais são as categorias de floresta tradicional na tua aldeia?

    a. Floresta sagrada

    b. Micro-bacia

    c. Outros...

14. Como é que são geridos?

    a. Formalmente

    b. Informalmente

15. Quem tem o mandato para gerir as florestas?

    a. Líderes tradicionais

    b. Governo da aldeia

    c. Outros...

16. Que tipos de regras e regulamentos são utilizados na gestão das florestas?

    a. Regras formais

    b. Regras informais

17. Quem estabeleceu e implementou os regulamentos relativos à utilização/uso/entrada nas

reservas florestais?

a. Líderes tradicionais

b. Líderes do governo da aldeia

c. Departamento distrital dos recursos naturais

d. Outros (mencionar) ...., ...

18. Como foram aplicadas as regras de gestão da floresta?

19. Está satisfeito com a forma como estas florestas são geridas?

a. Sim

b. Não

Em caso negativo, o que pode ser melhorado?

20. São realizadas actividades na reserva florestal tradicional?

(Sim/Não)

Em caso afirmativo, mencionar com base nas seguintes categorias;

- Actividades tradicionais/culturais realizadas na floresta?............................

.........................., ..., ...

Actividades económicas realizadas na reserva florestal?................

...., ...

21. Como se realizam estas actividades nas florestas tradicionais?

(legal/ilegal)

22. Qual é a sua opinião sobre a forma como estas actividades foram conduzidas?

23. Participa na conservação da reserva florestal tradicional da sua aldeia **(Sim/Não)**

Em caso afirmativo., como ...., ...

24. Quais são as influências das instituições formais e informais na sua participação?

25. Quais são as potencialidades das instituições formais e informais na gestão destas florestas?

26. quais são os condicionalismos das instituições formais e informais na gestão destas florestas?

27. Há algum benefício que obtém das florestas que está a conservar?

(Sim/Não)

Em caso afirmativo, quais são as vantagens;

i. PFNL

ii. Dinheiro

iii. Outros (mencionar)...

28 Eficácia da instituição formal relativamente à gestão das florestas tradicionais **a.** Eficaz

b. Ineficaz

Razão da eficácia ....

Razão da ineficácia ....

29 Eficácia da instituição informal relativamente à gestão das florestas tradicionais **c.** Eficaz

d. Ineficaz

Razão da eficácia ....

Razão da ineficácia ....

30. Na sua opinião, que sistema de gestão é eficaz para a gestão das reservas florestais (instituição tradicional/instituição formal?)

Se for uma instituição tradicional, indicar as razões ....,

Se for uma instituição formal ...., porquê ....?

...., ...

31. Qual é a sua opinião sobre a melhoria da gestão das reservas florestais tradicionais?

************************THE END ***************************

Questionário de lista de controlo para

1. Assessor Distrital de Recursos Naturais

i. Número de reservas florestais tradicionais no distrito
ii. O estatuto das reservas florestais tradicionais
iii. O mecanismo de gestão das reservas florestais por instituições tradicionais.
iv. Formas de envolvimento do governo distrital na gestão das reservas florestais tradicionais
v. Perceção e atitude das populações locais em relação às reservas florestais tradicionais
vi. A participação das populações locais na gestão das reservas florestais tradicionais
vii. Benefícios que os aldeões obtêm da gestão das florestas tradicionais.
viii. Desafios enfrentados pelas instituições tradicionais na gestão das reservas florestais
ix. Sugestões para o conhecimento tradicional e institucional na gestão da reserva florestal

2: Governo da aldeia e líderes tradicionais

1. População da aldeia
2. Número de reservas florestais tradicionais no distrito
3. Área da reserva florestal que a sua aldeia está a gerir....... ,............., ...ha
4. O estatuto das reservas florestais tradicionais
5. A acessibilidade dos produtos florestais às populações locais
6. O mecanismo de gestão das reservas florestais por instituições tradicionais.
7. Formas de participação do governo da aldeia na gestão das reservas florestais tradicionais
8. Perceção e atitude das populações locais em relação às reservas florestais tradicionais
9. A participação das populações locais na gestão das reservas florestais tradicionais
10. Benefícios que os aldeões obtêm da gestão das florestas tradicionais.
11. Desafios enfrentados pelas instituições tradicionais na gestão das reservas florestais
12. Sugestões para o conhecimento tradicional e institucional na melhoria da gestão de reserva florestal

MIX
Papier aus verantwortungsvollen Quellen
Paper from responsible sources
FSC® C105338

Printed by Books on Demand GmbH, Norderstedt / Germany